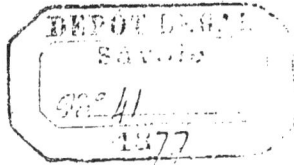

NOUVELLE MÉTHODE

D'ANALYSE DU SOUFRE

Dans les Eaux minérales sulfureuses

ESSAI SUR LES EAUX THERMALES

D'AIX-LES-BAINS

DE CHALLES ET DE MARLIOZ

NOUVELLE MÉTHODE D'ANALYSE DU SOUFRE

DANS LES EAUX MINÉRALES SULFUREUSES

ESSAI SUR LES EAUX THERMALES

D'AIX-LES-BAINS

DE CHALLES ET DE MARLIOZ

———•✕•———

L'étude des eaux minérales est toujours intéressante; on est loin d'avoir tout dit sur un sujet qui ne tarit jamais et qui présente souvent à l'analyse des difficultés de plus d'un genre, que je n'ai point la prétention de vous signaler ici comme venant de moi, mais bien de mon ami et regretté maître, M. Pichon, pharmacien de l'Établissement thermal.

Je désire seulement appeler un instant votre attention sur la classe si intéressante des sulfureuses pour vous faire connaître un nouveau mode d'analyse du soufre dans les eaux minérales.

Je me bornerai à un simple exposé des faits les plus saillants, d'un procédé d'analyse physico-chimique qui offre sur les autres procédés l'avantage bien appréciable, selon moi, d'isoler complétement le soufre à l'état de métalloïde pur, en permettant l'emploi indéfini des mêmes réactifs.

On sait que les eaux contenant des sulfures, des sulphydrates de sulfure, ou de l'hydrogène sulfuré, subissent, au contact de l'air, une série de transformations en absorbant l'un des principes de l'air, l'oxygène.

Indépendamment de cette cause de détérioration, il faut tenir compte aussi des phénomènes d'endosmose, et cela surtout pour les eaux qui renferment de l'hydrogène sulfuré; car les gaz ayant la propriété de se déplacer les uns les autres d'après des lois assez bien établies, il suffit de la présence d'un gaz pour déplacer une partie de celui qui se trouve dissous dans un liquide.

Ainsi la présence ou la richesse du principe sulfureux dans toute eau minérale sulfurée calcique ou

sodique, se révèle d'ordinaire par des dépôts de soufre
plus ou moins abondants.

Ce phénomène devient surtout manifeste lorsque
les eaux rencontrent dans leur parcours une certaine
quantité d'air atmosphérique. Alors l'oxygène inter-
vient d'une manière incessante comme agent réduc-
teur de l'élément de sulfuration, soit libre, soit combiné.

Ainsi l'air atmosphérique doit être envisagé comme
un réactif constant, inépuisable, dont on pourrait
(même dans un but purement industriel) tirer un
parti avantageux pour isoler et recueillir la majeure
partie du soufre que renferment les eaux minérales.

Dans un Mémoire présenté en 1858, M. Pichon a
cherché à démontrer, pour les eaux d'Aix du moins,
la possibilité d'obtenir à volonté, soit du soufre pur,
soit de l'acide sulfurique, selon le volume d'air que
l'on fait intervenir à cet effet par suite de la mise en
jeu d'un appareil très simple.

Plusieurs chimistes illustres ont pris soin d'étudier
et de nous dire ce que devient l'hydrogène sulfuré
hors de l'eau, dans l'air atmosphérique, en présence

de l'oxygène et des corps poreux; ils ont étudié et nous ont fait connaître les conditions favorables à sa conversion en acide sulfurique; mais aucun, que je sache, n'a essayé l'action des corps poreux sur l'hydrogène sulfuré, libre ou combiné, dissous dans l'eau, qu'il s'y trouve à l'état libre ou combiné.

C'est pourquoi je désire appeler votre attention sur le rôle singulier que les corps poreux, principalement le charbon, paraissent jouer vis-à-vis de l'hydrogène sulfuré, lorsque ce gaz se trouve en dissolution dans l'eau.

Le charbon, dont les propriétés sont aujourd'hui si connues et si appliquées dans la chimie industrielle, devient, par le fait d'une porosité toute spéciale, un réactif nouveau, applicable à l'analyse des eaux minérales sulfureuses : il indique exactement la quantité de soufre qui correspond à l'acide sulfhydrique libre, de même qu'il peut servir à déterminer avec non moins de précision la quantité de soufre afférente aux sulfures.

Ce procédé d'analyse est entièrement fondé sur les lois encore si mystérieuses de l'affinité élective.

La richesse de nos sources thermales en principes sulfureux se révèle d'une façon caractéristique dans les nombreux échantillons de soufre qui se déposent journellement, soit à l'état de précipité, soit à l'état de sublimation.

Mais quand il s'agit d'obtenir ou de doser rigoureusement tout le principe sulfureux que ces eaux renferment, on n'est plus dans l'impérieuse obligation de recourir aux mille et un moyens, plus ou moins ingénieux, que nous offre la chimie, c'est-à-dire à divers procédés analytiques d'une précision quelquefois irréprochable, mais d'une exécution sûrement longue et difficile et presque toujours coûteuse.

En effet, le procédé que je soumets est beaucoup plus simple que tous les procédés connus et conseillés jusqu'à ce jour par les chimistes les plus en renom : il offre du moins sur les autres procédés l'avantage bien appréciable d'isoler complètement le soufre à l'état de métalloïde pur, et de pouvoir à cette fin faire servir indéfiniment les mêmes réactifs.

J'ose espérer que ce procédé méritera également toute l'attention des médecins et des chimistes.

En effet, il consiste à isoler l'élément sulfureux sous forme de métalloïde pur, en mettant à profit les propriétés absorbantes et réductives du charbon poreux et la grande solubilité du soufre à l'état naissant dans les dissolvants ordinaires (alcool, éther, chloroforme, essence de térébenthine, sulfure de carbone, benzine).

Toutes ces expériences ont été entreprises avec deux espèces de charbon : le charbon végétal de bois doux et le noir animal débarrassé de tout le carbonate et phosphate de chaux qu'il pouvait contenir.

A cette fin, le charbon animal est lavé à l'acide chlorhydrique et à l'eau distillée, jusqu'à ce que les eaux de lavage ne précipitent plus ni par l'oxalate d'ammoniaque, ni par l'azotate d'argent.

Une fois ce charbon obtenu, on peut essayer son action de différentes manières : je ne parlerai que du mode d'opérer qui m'a paru le plus avantageux.

Au reste les proportions de charbon que je vais indiquer ne sont qu'approximatives.

Un gramme de charbon par litre d'eau suffit à désulfurer complétement soit l'eau d'alun, soit l'eau de soufre, qui alimentent les buvettes de l'Établissement thermal d'Aix; 5 grammes de charbon pour un litre d'eau de Marlioz, et 30 grammes pour un litre d'eau de Challes (1) sont des doses reconnues plus que suffisantes à l'absorption complète du principe sulfureux, quelque soit son mode de combinaison dans l'eau de ces deux sources.

S'agit-il d'analyser le soufre d'une eau simplement sulfhydriquée comme l'est celle de nos deux sources thermales d'Aix, on choisit une bombonne ou une bouteille quelconque en verre et d'une capacité proportionnelle à la quantité d'eau sur laquelle on veut opérer.

On met dans cette bouteille :

1° Une dose de charbon en rapport avec le degré sulfhydrométrique préalablement accusé dans cette eau ;

2° Le nombre de mesures de l'eau minérale soumise

---

(1) Le charbon employé seul pour désulfurer l'eau si riche de Challes n'a pas isolé de l'iode; ce métalloïde se retrouve en totalité dans l'eau désulfurée, et trois gouttes de cette eau, désulfurée ou non par le charbon sans ad. d'acide, suffisent à produire la réaction si caractéristique de l'iode en présence de l'amidon et du chlore.

à l'examen, puis on bouchera immédiatement la bouteille.

Il suffit alors d'agiter le vase de temps à autre pour voir bientôt disparaître du liquide toute trace de soufre, ce que l'on constate aisément au moyen des réactifs ordinaires du soufre, l'acétate de plomb, azotate d'argent, etc., etc.

Cet essai par les réactifs est indispensable pour arriver au second temps de l'opération.

On jette sur un filtre disposé à cet effet tout le contenu de la bouteille, l'eau qui s'écoule du filtre est reçue dans une mesure graduée où l'on constate de nouveau son titre sulfhydrométrique. On le compare à celui trouvé dans le premier essai sulfhydrométrique ; la différence observée dans les nombres correspond exactement à toute la portion d'acide sulfhydrique qui se trouvait dans l'eau à l'état libre et qui a été absorbée et réduite par le corps poreux.

En effet, pour s'assurer du résultat, il ne reste plus qu'à traiter le corps poreux par de l'éther à 62° ou par tout autre dissolvant ordinaire du soufre.

Il suffit pour cela d'une simple digestion dans un ballon en verre que l'on agite de temps à autre, afin de favoriser la dissolution du soufre dans l'éther. Celui-ci est alors décanté dans une capsule tarée avec soin, puis abandonné à l'évaporation spontanée.

L'éther en se volatilisant laisse un dépôt de soufre dont le poids accusé par une balance de précision est en rapport direct avec la diminution du soufre observé dans le second dosage sulfhydrométrique.

Le poids du soufre étant connu, on a dès lors celui du gaz hydrogène sulfuré qui se trouve dans l'eau.

Ce moyen de contrôle assure à cette méthode toutes les garanties de précision qu'on doit toujours rechercher dans une analyse de ce genre. Il devient surtout précieux pour la détermination des poids du soufre qui correspondent aux sulfures.

Je me contenterai de donner le résultat des expériences faites sur nos deux sources thermales d'Aix (alun et soufre), en établissant par un simple calcul, d'après cette méthode, la somme totale du soufre qu'elles peuvent fournir.

Ce tableau nous offre, en dehors de son importance numérique, un côté assez saillant pour piquer notre curiosité, s'il ne parvient à fixer notre attention.

Soufre.

Un litre d'eau de soufre fournit (dix litres m'ayant donné 0,050, soit grain 1, soufre jaune pur), 0,005 milligr. soufre pur, d'une odeur safranée devenant rouge par les alcalis,

10 litres donneront 0,050 (soit grain 1 soufre.

100	—	0,500
200	—	1 gramme
1,000	—	5 —
100,000	—	500 —

Or, le débit de la source d'eau de soufre étant (par 24 heures) de 1,700,000 litres, produirait :

8 kil. 500 gr. soufre par jour ;

255 kil. par mois ;

3,102 kil. 250 gr. par année ;

310,250 kil., soufre pur, dans l'espace d'un siècle.

Alun.

Le degré sulfhydrométrique de l'eau d'alun étant
le même que celui trouvé à l'eau de soufre, voici les
chiffres obtenus :

L'eau d'alun débite 2,950,000 litres par 24 heures,
et fournit conséquemment 14 kil. 625 gr. soufre pur
en un jour, ce qui donne par le calcul :

5,338 kil. 125 gr. par année,
533,812 kil. 500 gr. pour un siècle.

Les deux sources, alun et soufre, réunies, fournis-
sent par le calcul :

23 kil. 125 gr. soufre, en 24 heures ;
8,440 kil. 375 gr. dans un an.
844,062 kil. 500 gr. dans l'espace d'un siècle.

On comprend par là quelle quantité énorme de

soufre a dû se produire de la sorte depuis l'origine de nos sources. Quant aux autres principes fixes de nos eaux, ils se sont déposé, comme il est facile de le voir, en formant cette masse puissante devenue très compactè, appelée *Brelan*, sur laquelle repose aujourd'hui la partie haute de la ville d'Aix.

Les soufres obtenus par cette méthode sont déposés au Musée d'Aix-les-Bains.

G. BRUN,
Ex-élève en pharmacie,
Photographe du Club alpin.

Aix-les-Bains, imprimerie Gérente.

36

www.ingramcontent.com/pod-product-compliance
Lightning Source LLC
Chambersburg PA
CBHW050436210326
41520CB00019B/5952